Lexique des
LÉGUMES

—————— **LES PUBLICATIONS DU QUÉBEC** ——————
1500 D, rue Jean-Talon Nord, Sainte-Foy (Québec) G1N 2E5

VENTE ET DISTRIBUTION
Case postale 1005, Québec (Québec) G1K 7B5
Téléphone : (418) 643-5150, sans frais, 1 800 463-2100
Télécopieur : (418) 643-6177, sans frais, 1 800 561-3479
Internet : http//doc.gouv.qc.ca

BIBLIOTHÈQUE ADMINISTRATIVE
Ministère des Communications du Québec
Éléments de catalogage avant publication

Boivin, Gilles.

    Lexique des légumes : lexique français — anglais — latin / [Gilles Boivin
[pour l'] Office de la langue française]. —— Québec : Publications du Québec,
[1992?].

    « Terminologie de l'alimentation »
    ISBN 2-551-14914-2

    1. Légumes — Dictionnaires polyglottes 2. Français (Langue) — Dic-
tionnaires polyglottes I. Québec (Province). Office de la langue française.

A11L3 B63

Cahiers de l'Office
de la langue française

Lexique des
LÉGUMES

Terminologie de l'alimentation

Lexique français-anglais-latin

Gilles Boivin

Québec ⬛⬛

Ce lexique a été préparé
sous la direction de Jean-Marie Fortin,
directeur des services linguistiques.

Cette édition a été produite par
Les publications du Québec
1500 D, rue Jean-Talon Nord 1er étage
Sainte-Foy (Québec)
G1N 2E5

Révision
Stéphane Tackels

Traitement de texte
Ginette Paquet

Couverture
Louise Vallée et Charles Lessard,
graphistes associés

Photographies
Paul Casavant, photographe
pour les Éditions Héritage inc.

Membres du comité de terminologie

Claude-J. Bouchard
Agronome
Direction de la recherche et
du développement
Ministère de l'Agriculture, des Pêcheries et
de l'Alimentation du Québec

Louise Hébert
Directrice du marketing, de la promotion et
des relations publiques
Fruits Botner ltée

Jacques Laliberté
Agronome

Marc Vaillancourt
Agronome
Direction générale production et inspection
des aliments
Agriculture Canada

*Le contenu de cette publication est également diffusé, sous diverses formes,
par le réseau public de la Banque de terminologie du Québec.*

© Gouvernement du Québec. 1992

Dépôt légal — 2e trimestre 1992
Bibliothèque nationale du Québec
Bibliothèque nationale du Canada
ISBN : 2-551-14914-2

Remerciements

Nous tenons à mentionner la participation des personnes suivantes qui ont accepté de revoir le manuscrit : Mmes France Crochetière, agronome, et Francine Lagacé, conseillère en consommation et à l'étiquetage, au ministère de l'Agriculture, des Pêcheries et de l'Alimentation du Québec, et M. Roger Bédard, professeur à la faculté des sciences de l'agriculture et de l'alimentation de l'Université Laval. Nous sommes particulièrement reconnaissant à M. Paul Casavant, photographe pour les Éditions Héritage inc., de nous avoir gracieusement fourni les photographies qui illustrent cette publication.

Nous voulons souligner également le soutien essentiel qu'ont su nous apporter plusieurs collègues de travail. Il s'agit de Mme Danielle Lachance pour sa recherche de nouvelles notions à publier, Mmes Micheline Gagnon et Francine Rheault pour la recherche documentaire, Mme Sylvie Pelletier pour avoir assuré la liaison avec les services informatiques, M. Paul-André Plante et Mme Anne McKinnon pour le soutien informatique, Mme Nanette Lacorne et M. Maurice Héroux pour la relecture du manuscrit et, enfin, Mmes Tina Célestin et Françoise Hudon ainsi que M. Normand Côte pour nous avoir prodigué leurs judicieux conseils.

Préface

Au nom de l'Association des grossistes en fruits et légumes du Québec, je tiens à remercier et à féliciter tous ceux et celles qui ont collaboré à la réalisation du *Lexique des légumes*. Cet ouvrage veut être tout aussi savoureux que nos excellents produits qui font quotidiennement les délices des consommateurs.

Je m'en voudrais de ne pas souligner l'apport indispensable consenti à la réalisation de ce lexique par l'Office de la langue française.

Dans une société en pleine évolution, le consommateur est de plus en plus raffiné et exigeant. En grand connaisseur qu'il est devenu, il est notamment à la recherche constante de nouveaux produits de qualité supérieure, combinant à la fois valeur nutritive et saveur exotique.

Un tel ouvrage était devenu nécessaire pour mieux informer ceux et celles qui ont le souci d'une saine alimentation et qui attachent de plus en plus d'importance à la qualité de leur nutrition.

Goûtez et savourez donc cet ouvrage. C'est le résultat d'un travail d'équipe et, à l'Association des grossistes en fruits et légumes du Québec, nous en sommes très fiers.

Le président de
l'Association des grossistes en fruits et légumes du Québec,
Ghislain Perron

Introduction

L'Office de la langue française est heureux de présenter aujourd'hui le *Lexique des légumes* qui recense la terminologie française pour les principaux légumes offerts sur le marché québécois, qu'ils soient produits ici ou qu'ils soient importés.

Le point de départ de cette publication est le lexique provisoire de Mme Louise Appel, intitulé *Lexique des fruits et légumes*, qui a été élaboré à l'Office de la langue française et publié en 1972. La demande pressante qui exigeait une réédition du premier ouvrage et l'évolution constante du marché qui permet aux consommateurs, de plus en plus intéressés par une bonne alimentation, de se procurer des légumes qui n'étaient pas en vente dans les marchés d'alimentation il n'y a pas encore si longtemps, nous ont amené à préparer cette nouvelle édition revue et augmentée d'environ vingt-cinq notions.

Afin de pouvoir offrir une publication dans les délais souhaités par les demandeurs, le premier ouvrage a été scindé en deux lexiques distincts, les fruits et les légumes faisant l'objet de deux publications séparées.

On trouvera, dans ce lexique, des légumes appartenant à toutes les catégories de la classification des plantes potagères : des légumes dont on consomme les feuilles et les pétioles (par exemple, les laitues et le cardon), des légumes à racines charnues ou à tubercules comestibles (par exemple, le panais et la pomme de terre), des légumes à bulbes (les oignons), des légumes-fruits (tels la tomate, le concombre et la courge), des légumineuses (les haricots et les fèves) et aussi quelques céréales comme le sarrasin dont on consomme la jeune pousse et le maïs.

L'appellation *légume* a donc ici une acception beaucoup plus large qu'en botanique où elle désigne la gousse des légumineuses.

Cependant, nous avons cru utile de donner les appellations scientifiques des plantes qui produisent ces légumes, telles que les présente la classification botanique, car les désignations taxinomiques latines sont toujours celles qui servent de référence plutôt que les désignations vernaculaires.

Nous voulons signaler, au sujet de ces appellations latines, sans vouloir entrer ici dans des considérations compliquées sur les distinctions à faire entre les notions de genre, d'espèce, de sous-espèce, de variété et de forme, que l'usage que nous faisons dans ce lexique de l'appellation *variété* qui peut désigner soit une variété, soit un cultivar, n'est pas le même qu'en botanique, où il existe une différence marquée entre les deux. Le terme *variété* y désigne une plante que l'on trouve à l'état naturel tandis que le terme *cultivar* s'utilise pour désigner une plante créée et cultivée artificiellement (par exemple, l'avocat Pinkerton correspond au latin *Persea americana* cv. *Pinkerton, Persea* désignant le genre, *americana* l'espèce, *cv.* étant l'abréviation de *cultivar* et *Pinkerton* désignant le cultivar); contrairement aux noms d'espèce, de genre et de variété, le nom du cultivar conserve sa langue d'origine. Pour les besoins du présent ouvrage, les cultivars les plus connus au Québec sont mentionnés dans une note et sont désignés sous l'appellation *variété*, comme le veut l'usage dans le commerce et la documentation destinée au grand public.

Nous voulons aussi signaler que lorsqu'une même notion est désignée par plusieurs appellations latines, celles-ci sont des synonymes, sauf dans les cas de *cœur de palmier* et de *crosse de fougère*; ces légumes peuvent en effet provenir de plantes de genres et d'espèces différents.

En publiant ce lexique, notre intention est de faire œuvre utile pour toutes les personnes qui travaillent dans le secteur économique de l'alimentation, tant à l'importation qu'à la production, à la commercialisation et à la distribution des légumes, ainsi que pour la clientèle de ce marché en pleine expansion. Nous leur offrons une terminologie française qui est le résultat des efforts d'uniformisation et d'amélioration de la qualité du français déployés par l'Office dans ce domaine et soustendus par le principe d'ordre terminologique suivant : le français au Québec ne doit pas être une langue de traduction, quels que soient les impératifs de la mise en marché sur le continent nord-américain.

Gilles Boivin,
terminologue

Abréviations et remarques liminaires

f.	forma (forme)
n. f.	nom féminin
n. m.	nom masculin
spp.	species (dans le cas de plusieurs espèces qu'on ne veut pas nommer)
subsp.	subspecies (sous-espèce)
syn.	synonyme
var.	varietas (variété botanique)
v. a.	voir aussi
v. o.	variante orthographique
GB	Royaume-Uni
US	États-Unis

1. Présentation

a) Les termes français sont classés dans l'ordre alphabétique discontinu.

b) Chaque entrée est précédée d'un numéro d'article et chaque article terminologique comprend, en français, le terme principal suivi d'un indicatif de grammaire et parfois d'un indicatif de pays; s'il y a lieu, les termes français et anglais sont suivis de leurs sous-entrées (synonyme ou variante orthographique). Dans beaucoup de cas une note complète l'information.

c) Les termes scientifiques (noms latins) sont donnés, dans chaque article, à la suite des appellations anglaises et sont séparés entre eux par un point-virgule.

d) Tant en anglais qu'en français, l'entrée principale est séparée de ses synonymes par un point-virgule et les synonymes sont également séparés entre eux par un point-virgule.

e) Chaque sous-entrée française (synonyme ou variante orthographique) est reprise dans la nomenclature. La mention *syn. de* ou *v. o. de* qui l'accompagne renvoie au terme principal.

f) La mention *v. a.* (voir aussi) renvoie à un article terminologique où l'on trouve des renseignements additionnels.

2. Illustrations

La présence d'une illustration est signalée après les termes scientifiques par la mention *figure*. Les illustrations sont regroupées au centre de l'ouvrage. Pour chacune d'elles, le numéro entre parenthèses qui suit le terme correspond au numéro de l'article terminologique où est traitée la notion.

3. Bibliographie

Le lexique proprement dit est suivi d'une bibliographie qui comprend les principaux documents utilisés lors du traitement terminologique des données, classés en deux catégories (les ouvrages et dictionnaires spécialisés et les normes) et par ordre alphabétique d'auteurs, d'organismes ou de titres si le nom de l'auteur ou de l'organisme n'est pas mentionné. Pour ne pas alourdir la présentation, les ouvrages de langue générale n'ont pas été indiqués.

4. Index

L'ouvrage comprend trois index :

1) L'index des termes français et étrangers cités en note et des termes à éviter écrits en italique;

2) L'index des termes anglais qui apparaissent dans la nomenclature et les notes; dans ce dernier cas, les renvois aux numéros des articles sont entre parenthèses;

3) L'index des termes latins.

Lexique

1. ail n. m.
garlic
Allium sativum

2. ail rocambole
Syn. de **rocambole**

3. ansérine Bon-Henri n. f.;
bon-henri n. m.
Good-King-Henry;
Good-Henry;
wild spinach
Chenopodium bonus-henricus

Note. — Plante herbacée qui ressemble à l'épinard.

4. arroche n. f.
orach
V. o. *orache;*
mountain spinach
Atriplex hortensis

Note. — Plante voisine de l'épinard dont les feuilles s'apprêtent de la même manière.

5. artichaut n. m.
artichoke;
globe artichoke
Cynara scolymus

(Figure 1.)

6. asperge n. f.
asparagus
Asparagus officinalis

Note. — On rencontre, sur le marché nord-américain, surtout des asperges vertes, mais aussi des asperges blanches, beaucoup plus connues en Europe, au goût un peu amer; les caractéristiques de ces dernières leur viennent du fait qu'on les cultive à l'abri de la lumière.

7. aubergine n. f.
eggplant;
aubergine
Solanum melongena var. **esculentum**

8. avocat n. m.
avocado;
alligator pear
Persea americana

(Figure 2.)

Notes. — 1. Parmi les variétés les plus connues, il y a le hass qui, à maturité, a la peau noire, le fuerte, le zutano, le bacon, le reed et le pinkerton, qui ont la peau verte.
2. Il est à noter que ces noms de variétés, qui à l'origine étaient des noms propres, sont devenus des noms communs et qu'ils s'écrivent par conséquent avec une minuscule initiale. En revanche, ces noms prennent une majuscule lorqu'ils sont précédés du nom d'espèce, par exemple *avocat Pinkerton*, parce qu'ils retrouvent alors leur valeur de noms propres.

9. barbe-de-capucin n. f.
capuchin's beard
Cichorium intybus

Note. — Comme l'endive, la barbe-de-capucin est produite par le forçage des racines de la chicorée sauvage. Elle se caractérise par un long feuillage étiolé.

10. baselle n. f.
Ceylon spinach;
basella;
vine spinach
Basella cordifolia;
Basella rubra

11. bette
Syn. de **bette à carde**

12. bette à carde n. f.;
bette n. f.
Swiss chard;
chard;
silver beet;
seakale beet
Beta vulgaris var. *cicla*
(Figure 3.)

Note. — On rencontre souvent, pour désigner ce légume, les termes *poirée* et *carde* et également les termes *bette poirée, bette à côtes, blète* ou *blette* et *carde poirée.*

V. a. **betterave**

13. betterave n. f.;
betterave potagère n. f.
Terme à éviter : bette
beet;
beetroot
Beta vulgaris var. *conditiva;*
Beta vulgaris var. *rapa*

Notes. — 1. Le nom de la betterave, au Québec, est très souvent abrégé en *bette.* Ce terme est à éviter dans un tel sens, car il désigne la bette à carde, un légume différent quoique appartenant à la même espèce.
2. On classe les différentes variétés de betteraves selon l'utilisation que l'on en fait, soit betteraves sucrières, fourragères ou potagères. Seule cette dernière catégorie est utilisée comme légume en raison de sa chair fine; il en existe de différentes couleurs, la rouge étant celle qui est la plus consommée et que

l'on utilise accessoirement dans l'industrie des colorants.

14. betterave potagère
Syn. de **betterave**

15. bolet n. m.;
cèpe n. m.
boletus;
cepe;
cep;
porcini mushroom
Boletus edulis

Note. — Les termes français *bolet comestible* et anglais *edible boletus* sont attestés dans les ouvrages botaniques; il est évident que la langue du commerce utilise uniquement les termes français *bolet* et anglais *boletus.*

16. bon-henri
Syn. de **ansérine Bon-Henri**

17. bourrache n. f.
borage
Borago officinalis

18. brocofleur n. m.
broccoflower

Note. — Le brocofleur est issu du croisement du brocoli et du chou-fleur.

19. brocoli n. m.
broccoli
Brassica oleracea var. *italica*

Note. — Il faut faire la distinction entre le brocoli et le chou brocoli. À la différence du chou brocoli, le brocoli est une variété branchue, dont on mange les bourgeons floraux, de même que la tige et quelques feuilles.

C

20. cardon n. m.
cardoon;
edible thistle
Cynara cardunculus
(Figure 4.)

21. carotte n. f.
carrot
Daucus carota var. *sativa;*
Daucus carota

22. céleri n. m.
celery
Apium graveolens var. *dulce*

23. céleri-rave n. m.
celeriac;
celery root;
knob celery
Apium graveolens var. *rapaceum*
(Figure 5.)

24. cèpe
Syn. de **bolet**

25. champignon n. m.
mushroom

26. chanterelle n. f.;
    girolle n. f.
chanterelle
Cantharellus cibarius

Note. — Ce champignon est aussi connu en botanique sous l'appellation *chanterelle commune.*

27. chayote
V. o. de **chayotte**

28. chayotte n. f.
    V. o. **chayote** n. f.
chayote;
christophine
Sechium edule;
Chayota edulis

Notes. — 1. Particulièrement connue sous le nom de *christophine,* dans les Antilles, la chayotte porte également les noms de *chou-chou, chouchoute, brionne* et *mirliton.*
2. Cette courge (famille des Cucurbitacées) est originaire du Mexique et de l'Amérique centrale; de nos jours, on la cultive dans les Caraïbes et dans différentes parties du monde, mais le plus grand exportateur est

le Costa Rica. La chayotte a la forme d'une très grosse poire dont la surface présente de profondes rainures. Sa pelure, vert pâle, vert très foncé ou blanche, est de préférence à enlever, bien que comestible, à cause des aspérités qu'elle présente. Sa chair, blanche et ferme, contient un noyau tendre et plat qui peut être comestible après cuisson. Elle entre dans la préparation de nombreux plats et on peut la consommer crue en salade.

29. chicorée frisée n. f.
curly endive;
chicory
Cichorium endivia var. *crispa*

Note. — Le terme *chicorée* sans déterminant est très souvent utilisé pour désigner la chicorée frisée. Cependant, sur une étiquette, le terme *chicorée frisée* doit figurer au complet.

30. chicorée sauvage n. f.
wild chicory
Cichorium intybus

Note. — La chicorée sauvage donne, par forçage de ses racines, deux variétés différentes : l'endive et la barbe-de-capucin.

31. chicorée scarole
Syn. de **scarole**

32. chou blanc
Syn. de **chou pommé blanc**

33. chou brocoli n. m.
winter cauliflower
Brassica oleracea var. *botrytis*

Note. — Il faut faire la distinction entre le chou brocoli et le brocoli. Le chou brocoli fait partie des choux-fleurs; on le cultive pour son inflorescence charnue. Comme le chou-fleur, il forme une pomme touffue.

34. chou cabus
Syn. de **chou pommé**

35. chou cavalier n. m.
collards
Brassica oleracea var. *viridis*

(Figure 6.)

36. **chou chinois**
Syn. de **chou de Chine**

37. **chou de Bruxelles** n. m.
Brussels sprouts
Brassica oleracea var. *gemmifera*

Note. — En étiquetage, le terme *chou* est toujours au pluriel dans l'expression *choux de Bruxelles.*

38. **chou de Chine** n. m.;
chou chinois n. m.
Chinese cabbage
Brassica campestris

Note. — Il y a plusieurs types de choux de Chine. Ceux que l'on trouve sur le marché nord-américain sont le nappa, le pak-choï et le pé-tsaï.

39. **chou de Milan**
Syn. de **chou de Savoie**

40. **chou de Savoie** n. m.;
chou de Milan n. m.
savoy cabbage
Brassica oleracea var. *bullata;*
Brassica oleracea var. *sabauda*

Notes. — 1. Il est à noter que le mot *savoy*, en anglais, signifie simplement « feuillage frisé ».
2. Le chou de Savoie est une variété de chou pommé frisé.

41. **chou-fleur** n. m.
cauliflower
Brassica oleracea var. *botrytis*

42. **chou frisé**
Syn. de **chou vert frisé**

43. **chou laitue** n. m.
salad savoy
Brassica oleracea var. *acephala*

(Figure 7.)

Notes. — 1. Ce chou est surtout connu dans le commerce sous les noms de *salade Savoie* et de *laitue Savoie.*

2. Le chou laitue est un légume nouveau qui est un proche parent du chou décoratif et du chou frisé. Membre de la famille des crucifères, qui comprend également le brocoli, le chou-rave et le chou-fleur, le chou laitue, dont les feuilles sont frisées et étalées, ne doit pas être confondu avec le chou de Savoie qui, lui, est pommé.

V. a. **chou de Savoie**

44. **chou marin** n. m.;
crambe maritime n. m.
sea kale;
sea cole
Crambe maritima

Notes. — 1. Outre les termes *chou marin* et *crambe maritime*, on rencontre également, pour désigner ce légume, les termes *crambé maritime*, *crambe* et *crambé.*
2. Ce sont les pétioles larges et charnus des feuilles du chou marin que l'on consomme après cuisson. Ils ont un goût qui peut rappeler celui de la noisette.

45. **chou-navet** n. m.
rutabaga 1;
Swedish turnip 1;
swede 1
Brassica napobrassica;
Brassica napus var. *napobrassica;*
Brassica oleracea var. *napobrassica*

Note. — Le terme *chou-navet* désigne à la fois le chou-navet blanc (à chair blanche) et le rutabaga (à chair jaune). Au Québec, c'est ce dernier qui est le plus cultivé.

V. a. **chou-navet blanc; rutabaga**

46. **chou-navet blanc** n. m.
Termes à éviter : rabiole;
navet blanc
white rutabaga;
Swedish turnip 2;
swede 2
Brassica napobrassica;
Brassica napus var. *napobrassica;*
Brassica oleracea var. *napobrassica*

Notes. — 1. Le terme *rabiole*, qui est encore largement utilisé au Québec, n'a pas été retenu parce qu'il prête à confusion, ce terme pouvant désigner à la fois le chou-navet blanc, le navet et le plus souvent le chou-rave. 2. Le chou-navet blanc, comme le rutabaga, se distingue du navet par un collet situé au sommet de la racine et autour duquel se rattachent des feuilles d'apparence lisse, alors que le navet ne présente pas de collet et que ses feuilles, velues, se rattachent directement au sommet de la racine.

V. a. **chou-navet**

47. **chou palmiste**
   Syn. de **cœur de palmier**

48. **chou pommé** n. m.;
   chou cabus n. m.
cabbage;
head cabbage;
headed cabbage
Brassica oleracea var. *capitata*

49. **chou pommé blanc** n. m.;
   chou blanc n. m.
white cabbage
Brassica oleracea var. *capitata;*
Brassica oleracea var. *capitata* f. *alba*

50. **chou pommé rouge** n. m.;
   chou rouge n. m.
red cabbage
Brassica oleracea var. *capitata;*
Brassica oleracea var. *capitata* f. *rubra*

51. **chou pommé vert** n. m.
green cabbage
Brassica oleracea var. *capitata*

Note. — Le terme *chou* sans déterminant désigne généralement le chou pommé vert.

52. **chou-rave** n. m.
   kohlrabi
Brassica oleracea var. *gongylodes;*
**Brassica caulorapa;*
Brassica oleracea var. *caulorapa*

(Figure 8.)

53. **chou rouge**
   Syn. de **chou pommé rouge**

54. **chou vert frisé** n. m.;
   chou frisé n. m.
borecole;
curly kale;
curled kale;
kale
Brassica oleracea var. *acephala* f. *sabellica;*
Brassica oleracea var. *fimbriata*

55. **ciboule** n. f.
spring onion;
Welsh onion
Allium fistulosum

56. **ciboulette** n. f.
chive;
cive
Allium schoenoprasum

57. **citrouille** n. f.
pumpkin
Cucurbita pepo

Note. — On confond facilement la citrouille et le potiron, qui sont l'un et l'autre des sortes de courges. On dit généralement que le potiron a la peau unie, la pulpe serrée, juteuse et tendre et le goût plus fin que la citrouille. Mais en fait, il est difficile de les distinguer par la forme, le volume et la couleur. Le meilleur moyen est d'examiner le pédoncule. La queue du potiron est cylindrique et évasée près du fruit, tendre et spongieuse. Le pédoncule de la citrouille a cinq côtes anguleuses, il est dur et fibreux et n'a pas de renflement au point d'attache. En France, on utilise davantage le potiron, avec lequel on fait un potage, alors qu'au Québec on se sert de la citrouille pour faire surtout des tartes et de la confiture.

58. **cœur de palmier** n. m.;
   chou palmiste n. m.
heart of palm;
palm cabbage
**Areca catechu;*
**Euterpe oleracea;*
Sabal palmetto

Note. — Ce légume, qui est constitué par le bourgeon terminal de l'arbre, provient de plusieurs palmiers de genres différents.

59. concombre n. m.
cucumber
Cucumis sativus

60. concombre anglais n. m.;
concombre de serre n. m.
English cucumber;
seedless cucumber;
greenhouse cucumber;
European cucumber
Cucumis sativus var. *anglicus*

Note. — On rencontre également en anglais les termes *burpless cucumber* et *hothouse cucumber.*

61. concombre de serre
Syn. de **concombre anglais**

62. cornichon n. m.
gherkin;
pickling cucumber
Cucumis sativus

Note. — Le terme *gherkin* peut désigner deux produits différents. En général, les cornichons sont les jeunes fruits de certaines variétés du concombre *Cucumis sativus*, cultivées spécialement pour la préparation de cornichons marinés, qu'on cueille verts et à peine développés; plus ils sont petits, plus les cornichons marinés qu'on obtient sont fins. Il existe aussi une espèce très spéciale de concombre à cornichons, *Cucumis anguria*, dont le fruit d'environ 5 cm de longueur et de 2,5 cm de diamètre est de forme plutôt ovale ou oblongue. Ce sont les vrais « gherkins », ou *cornichons épineux*, appelés ainsi à cause de leur surface recouverte d'aiguillons épineux.

63. courge n. f.
squash
Cucurbita spp.

Note. — Les courges se répartissent en deux groupes : les courges d'été et les courges d'hiver. Toutes les courges d'été sont des *Cucurbita pepo* (cependant toutes les *Cucurbita pepo* ne sont pas des courges d'été). Elles ont une peau tendre qui est comestible et elles ne se conservent pas longtemps. À ce groupe appartiennent entre autres la courgette, la courge à moelle, le pâtisson et la courge cou tors. Les courges d'hiver relèvent pour leur part de plusieurs espèces de *Cucurbita*. Elles ont une peau dure, non comestible, et elles peuvent se conserver longtemps. On y retrouve notamment la courge poivrée, la courge musquée, le giraumon turban et la courge Hubbard.

64. courge à cou droit
Syn. de **courge cou droit**

65. courge à cou tors
Syn. de **courge cou tors**

66. courge à moelle n. f.
vegetable marrow;
marrow (GB)
Cucurbita pepo

V. a. **courge; courgette**

67. courge Buttercup n. f.
buttercup squash
Cucurbita maxima var. *turbaniformis*

68. courge cou droit n. f.;
courge à cou droit n. f.
straight-neck squash;
summer straightneck squash
Cucurbita pepo var. *melopepo* f. *torticolis*

Note. — La courge cou droit provient d'une amélioration génétique faite par l'homme de la courge cou tors, dont la plante correspond au terme latin *Cucurbita pepo* var. *melopepo* f. *torticolis*. Il est à noter que la plante qui produit la courge cou droit correspond à la même appellation latine que la variété d'origine.

69. courge cou tors n. f.;
courge à cou tors n. f.
crookneck squash;
summer crookneck squash
Cucurbita pepo var. *melopepo* f. *torticolis*

Note. — Ce légume est aussi connu sous l'appellation *courge torticolis*.

V. a. **courge**

70. courge Hubbard n. f.
Hubbard squash
Cucurbita maxima
V. a. **courge**

71. courge musquée n. f.
butternut squash
Cucurbita moschata
V. a. **courge**

72. courge poivrée n. f.;
    courgeron n. m.
acorn squash;
acorn
Cucurbita pepo
Note. — Ce légume est aussi connu sous l'appellation *courge gland*.
V. a. **courge**

73. courge spaghetti n. f.
spaghetti squash
Cucurbita pepo
Note. — L'expression *spaghetti végétal*, que l'on utilise parfois au sens de « courge spaghetti », ne peut être retenue comme synonyme car elle désigne plutôt le résultat de la cuisson de la courge dont la chair, une fois cuite, a l'apparence de spaghettis lorsqu'on la détache.

74. courgeron
    Syn. de **courge poivrée**

75. courgette n. f.
zucchini squash;
zucchini;
Italian squash
Cucurbita pepo
(Figure 9.)
Notes. — 1. Bien que le terme *courgette* soit le terme reconnu en français, le terme *zucchini*, qui est un emprunt de l'italien où il signifie « courgettes », est largement utilisé au Québec tant dans la langue courante que dans la langue du commerce.
2. La courgette est une courge à moelle qui a été cueillie avant qu'elle n'atteigne sa maturité, alors que sa taille se situe entre 15 et 20 cm.
V. a. **courge; courge à moelle**

76. crambe maritime
    Syn. de **chou marin**

77. cresson
    Syn. de **cresson de fontaine**

78. cresson alénois n. m.
garden cress;
peppergrass
Lepidium sativum
Note. — Le cresson alénois est souvent appelé, en cuisine, *cresson de jardin*. Cependant, les livres d'horticulture distinguent très nettement le cresson de terre, appelé aussi *cresson de jardin*, du cresson alénois. Leur goût même permet de les différencier : le cresson de terre, ou cresson de jardin, est plus piquant que le cresson alénois.

79. cresson de fontaine n. m.;
    cresson n. m.
watercress
Nasturtium officinale
(Figure 10.)

80. cresson de Pará n. m.;
    cresson du Brésil n. m.
Pará cress;
Brazil-cress
Spilanthes oleracea;
Spilanthes acmella

81. cresson de terre n. m.
winter cress;
upland cress
Barbarea vulgaris
Note. — Le cresson de terre est aussi appelé *cresson de jardin*.
V. a. **cresson alénois**

82. cresson du Brésil
    Syn. de **cresson de Pará**

83. crosne
   Syn. de **crosne du Japon**

84. **crosne du Japon** n. m.;
   crosne n. m.
Chinese artichoke;
Japanese artichoke;
knotroot
Stachys affinis;
Stachys sieboldii;
Stachys tuberifera

Notes. — 1. Le terme *crosne* se prononce crô-ne.
2. Le crosne du Japon est également désigné en anglais par les termes *chorogi*, *crosnes* ou *crosne*.
3. La plante, qui s'appelle *crosne du Japon* tout comme le légume, possède des rhizomes tubéreux qui portent une succession de renflements. Ce sont ces derniers qui constituent la partie comestible de la plante.

85. **crosse de fougère** n. f.
   Terme à éviter : tête de violon
fiddlehead
Matteuccia struthiopteris;
Pteretis pensylvanica

(Figure 11.)

Notes. — 1. Le terme *tête de violon* est un calque du terme anglais *fiddlehead*. En français, la partie du violon à laquelle ressemble ce légume s'appelle *crosse*, mot également utilisé en botanique.
2. Les crosses de fougères sont les jeunes frondes de certaines de ces plantes qui se consomment comme légumes verts à l'époque de la préfoliation.

D

86. **dolique** n. m.
bean 1
Dolichos spp.

Notes. — 1. Le terme *fève* s'applique uniquement à des plantes du genre *Vicia*. Il est donc inexact de nommer *fèves* les doliques ainsi que les haricots.

2. Certains doliques sont aussi désignés sous les noms de genre *Vigna* et *Lablab*.

87. **dolique à œil noir** n. m.
black-eyed pea;
cow pea
V. o. *cowpea;*
southern pea
Vigna unguiculata;
Vigna sinensis;
Vigna unguiculata var. **unguiculata;**
Vigna unguiculata subsp. **unguiculata**

88. **dolique asperge** n. m.
asparagus bean;
yard-long bean;
Chinese long bean
Vigna unguiculata subsp. **sesquipedalis;**
Vigna sesquipedalis;
Dolichos sesquipedalis

89. **dolique d'Égypte** n. m.
hyacinth bean;
bonavist bean;
lablab bean
Lablab purpureus;
Lablab niger;
Lablab vulgaris;
Dolichos lablab

E

90. **échalote** n. f.
shallot
Allium ascalonicum

(Figure 12.)

Notes. — 1. Il faut noter que le terme *échalote* s'orthographie avec un seul *t*.
2. On confond souvent l'échalote et l'oignon vert. Il existe une certaine ambiguïté dans l'appellation de ces deux légumes bien différents l'un de l'autre. Une échalote est un petit bulbe, de la grosseur d'une petite tête d'ail environ, parfois divisé en deux ou trois gousses. Les variétés les plus communes sont l'échalote rose, de forme oblongue, dont la pelure parcheminée est teintée de rose, et l'échalote cuivrée de forme allongée avec

une pelure parcheminée dont la couleur jaunâtre rappelle celle de l'oignon. Ces deux variétés sont classées par tailles petite, moyenne ou géante. L'échalote, qui est surtout importée de France, plus spécifiquement de Bretagne, est cultivée dans plusieurs pays d'Europe, aux États-Unis et au Québec où on la désigne souvent par les termes *échalote sèche* ou *échalote française*. Le produit que les consommateurs québécois désignent communément, mais de façon erronée, sous le nom d'*échalote* ressemble plutôt à un poireau blanc miniature doté de longues feuilles cylindriques et vertes; ce produit est un oignon vert.

V. a. **oignon vert**

91. endive n. f.
Belgian endive;
white endive;
witloof chicory
Cichorium intybus

Notes. — 1. C'est généralement le terme *endive* qui prévaut dans l'étiquetage en français, mais on désigne également ce légume par l'appellation *chicorée de Bruxelles*. Dans la langue parlée, on appelle l'endive *witloof* ou *chicon*.
2. Ce légume très estimé, que l'on prépare en salade ou braisé, est le produit du forçage des racines de la chicorée sauvage. L'endive est surtout cultivée en France, en Hollande, en Belgique et au Québec.

92. épinard n. m.
spinach
Spinacia oleracea

93. fève n. f.
bean 2
Vicia spp.

Note. — Le terme *fève* s'applique uniquement à des plantes du genre *Vicia*. Il est donc fautif de nommer *fèves* les haricots et les doliques. Plus d'une centaine d'espèces du genre *Vicia* poussent en Amérique du Nord.

Alors que certaines espèces fournissent un bon fourrage aux animaux, d'autres sont réservées à l'alimentation humaine. Parmi ces dernières, la plus connue, tant en Europe qu'au Canada, est l'espèce *Vicia faba* que l'on appelle *gourgane* ou *fève des marais*.

V. a. **haricot**

94. fève des marais
Syn. de **gourgane**

95. flageolet n. m.;
haricot flageolet n. m.
flageolet;
flageolet bean
Phaseolus vulgaris

G

96. giraumon turban n. m.
turban squash
Cucurbita maxima var. **turbaniformis**

V. a. **courge**

97. girolle
Syn. de **chanterelle**

98. gombo n. m.;
okra n. m.
okra;
gumbo;
lady's finger
Hibiscus esculentus;
Abelmoschus esculentus

99. gourgane n. f.;
fève des marais n. f.
broad bean
V. o. *broadbean;*
fava bean;
Windsor bean;
horse bean
Vicia faba

Note. — Les graines de gourganes peuvent être consommées crues, après avoir été épluchées, lorsqu'elles sont jeunes et vertes. On peut les préparer en hors-d'œuvre ou les déguster simplement à la croque au sel avec du pain beurré. Les graines mûres et grosses entrent dans la préparation de nombreux plats méditerranéens et constituent, au Québec, la base de plusieurs spécialités culinaires des régions du Saguenay et du Lac-Saint-Jean, dont une soupe fort estimée.

V. a. **fève**

100. graine de lupin
Syn. de **lupin**

H

101. haricot n. m.
Terme à éviter : fève
bean 3
Phaseolus spp.

Notes. — 1. Le terme *haricot* est le nom générique d'une légumineuse qui comprend de nombreuses variétés comestibles. Au Québec, on donne encore parfois à cette légumineuse le nom impropre de *fève*. Il existe deux hypothèses à l'origine de cette confusion. On sait que le haricot fut importé d'Amérique en France où on le considéra d'abord comme une fève, celle-ci y étant connue depuis longtemps, et où on le désigna par ce nom; la différence entre ces deux légumineuses y fut bien établie dès le début du XVIIIᵉ siècle. Cependant, la première hypothèse suppose qu'entre-temps l'erreur se serait également propagée en Nouvelle-France où elle aurait subsisté jusqu'à nos jours. La seconde hypothèse attribue plutôt la confusion entre les termes *fève* et *haricot* à l'influence de l'anglais qui emploie le même terme *bean* pour désigner les deux légumineuses.
2. Le terme *fève* s'applique uniquement à des plantes du genre *Vicia*. Il est donc inexact de nommer *fèves* les haricots ainsi que les doliques.
3. Certains haricots sont aussi désignés sous le nom de genre *Vigna*.

102. haricot à œil jaune n. m.
yellow eye bean
Phaseolus vulgaris

Note. — Le haricot à œil jaune est moyen, tout à fait comparable, par la grosseur, au haricot moyen *(marrow bean)*; il est blanc, avec une très grande tache brun clair autour du hile.

103. haricot à parchemin n. m.
string bean
Phaseolus vulgaris

104. haricot Black turtle n. m.
Black turtle bean
Phaseolus vulgaris

Note. — Le haricot Black turtle, un peu plus gros que le haricot blanc fin *(small white bean)*, se range parmi les haricots de petite taille; il a la caractéristique d'être tout noir.

105. haricot blanc n. m.
white kidney bean
Phaseolus vulgaris

Note. — Ce sont surtout les haricots blancs qui constituent la base du mets bien connu sous l'appellation *fèves au lard*. Il ne s'agit donc pas de fèves, mais de haricots, et ce plat devrait en fait s'appeler *haricots au lard*.

106. haricot blanc fin n. m.
small white bean
Phaseolus vulgaris

Note. — Il faut se garder de confondre le haricot blanc fin avec le petit haricot blanc *(white pea bean)*. Si sa grosseur est à peu près la même, sa forme et sa teinte sont nettement différentes. Le haricot blanc fin ressemble à un haricot blanc *(white kidney bean)* miniature; il est d'un blanc très franc et ses lignes sont très fines.

107. haricot canneberge n. m.
cranberry bean
Phaseolus vulgaris

Note. — Le haricot canneberge est aussi connu sous l'appellation *haricot coco*. Ce haricot est blanc crème, tacheté de rose ou de brun, et de forme ovale.

108. haricot de Lima n. m.;
     haricot de Siéva n. m.
Lima bean;
Sieva bean
Phaseolus lunatus;
Phaseolus limensis

109. haricot de Siéva
     Syn. de **haricot de Lima**

110. haricot flageolet
     Syn. de **flageolet**

111. haricot Great Northern n. m.
Great Northern bean
Phaseolus vulgaris

Note. — Le haricot Great Northern est blanc et beaucoup moins nettement réniforme que le haricot blanc *(white kidney bean)*. Il est un peu plus petit et plus rond.

112. haricot jaune n. m.
wax bean;
butter bean
Phaseolus vulgaris

Note. — Le haricot jaune est aussi connu sous l'appellation *haricot beurre.*

113. haricot mange-tout n. m.
snap bean;
stringless bean
Phaseolus vulgaris

114. haricot moyen n. m.
marrow bean
Phaseolus vulgaris

V. a. **haricot sec**

115. haricot mungo 1 n. m.
mung bean;
green gram;
golden gram
Vigna radiata;
Phaseolus aureus

Notes. — 1. En français, le terme *haricot mungo* désigne deux espèces différentes : l'une, *Vigna radiata,* correspond aux termes anglais *mung bean, green gram* ou *golden*

gram, l'autre, *Vigna mungo,* aux termes *urd, urd bean* ou *black gram.*
2. C'est avec les germes du haricot mungo que l'on prépare le chop soui (cuisine orientale). Dans le commerce, ces germes sont vendus soit frais, soit cuits dans des boîtes de conserve. Sur les emballages, la forme *fèves germées* pour désigner ces germes est à éviter pour les deux raisons suivantes : 1° ce ne sont pas des fèves, mais des haricots; 2° ce n'est pas le haricot (qui aurait germé) que l'on consomme, mais le germe lui-même. On pourrait plus précisément les appeler *germes de haricot mungo.*

116. haricot mungo 2 n. m.
urd;
urd bean;
black gram
Vigna mungo;
Phaseolus mungo

Note. — On appelle parfois ce haricot sec *haricot noir.*

117. haricot pinto n. m.
pinto bean
Phaseolus vulgaris

Note. — Ce haricot sec est de taille moyenne, plutôt plat, de couleur beige mouchetée de brun clair.

118. haricot romain n. m.
Roman bean
Phaseolus vulgaris

Note. — Ce haricot sec est appelé par les Italiens, qui semblent en être les plus friands, *fagiolo romano,* expression qui a été traduite en anglais par *roman bean*, ce qui, dans une langue comme dans l'autre, signifie effectivement « haricot romain ».

119. haricot rose n. m.
pink bean
Phaseolus vulgaris

120. haricot rouge n. m.
red kidney bean
Phaseolus vulgaris

Note. — Le haricot rouge, l'un des mieux connus au Québec, compte parmi les haricots secs les plus longs. On en trouve deux sortes : le haricot rouge foncé *(dark red kidney bean)* et le haricot rouge clair *(light red kidney bean)*.

121. haricot sec n. m.
dried bean;
kidney bean
Phaseolus vulgaris

Classifications des haricots secs

A. - Trois sens possibles de l'expression *kidney bean* en américain

1) *kidney bean* équivalent de *common bean*
   • Terme générique désignant tous les haricots secs, donc l'espèce entière.

2) *kidney bean* par opposition à *navy bean*
   • Le terme *kidney bean* désigne les plus gros haricots secs dont la forme se rapproche plus ou moins de celle d'un rognon et le terme *navy bean* désigne des haricots de forme plus ronde et plus petite.
   • Ces deux espèces font partie des *field beans*, haricots de grande culture.

3) *kidney bean* équivalent de *red kidney bean*
   • La couleur rouge sombre et la forme de ce haricot rappellent, plus que tout autre, un rognon.

B. - Classification américaine selon la taille

1) *kidney bean*
   haricot (réniforme)
   • Le plus gros des haricots secs.

2) *marrow bean*
   haricot moyen (réniforme)
   • Épaisseur supérieure à la moitié de sa longueur.

3) *medium bean*
   haricot mi-moyen (réniforme)
   • Sa largeur est inférieure à la moitié de sa longueur.
   • Sous-classification à l'intérieur des *marrow beans*.

4) *pea bean*
   petit haricot

C. - Classification retenue dans le présent ouvrage

1) *red kidney bean*
   haricot rouge

2) *small red bean*
   petit haricot rouge

3) *white kidney bean*
   haricot blanc

4) *small white bean*
   haricot blanc fin
   • Très petit, plutôt réniforme et assez plat.

5) *white pea bean*
   syn. *navy bean*
   petit haricot blanc (rond)

122. haricot vert n. m.
green bean
Phaseolus vulgaris

I

123. igname n. f.
yam
Dioscorea

L

124. laitue n. f.
lettuce
Lactuca sativa

125. laitue asperge n. f.
celtuce;
asparagus lettuce;
stem lettuce
Lactuca sativa var. **asparagina;**
Lactuca sativa var. **angustana**

126. laitue beurre n. f.
butterhead lettuce
Lactuca sativa var. **capitata**

Note. — Il existe deux sortes de laitue beurre : la laitue Boston, très connue au Québec, et la laitue Bibb que l'on trouve surtout aux États-Unis.

127. **laitue Boston** n. f.
Boston lettuce
Lactuca sativa var. *capitata*

128. **laitue frisée** n. f.
leaf lettuce;
curled lettuce
Lactuca sativa var. *crispa*

129. **laitue iceberg** n. f.
iceberg lettuce
Lactuca sativa var. *capitata*

130. **laitue pommée** n. f.
head lettuce;
cabbage lettuce
Lactuca sativa var. *capitata*

Note. — La plus connue des laitues pommées est la laitue iceberg.

131. **laitue romaine** n. f.
romaine lettuce;
cos lettuce
Lactuca sativa var. *longifolia;*
Lactuca var. *romana*

132. **lentille** n. f.
lentil
Lens culinaris;
Lens esculenta

133. **lupin** n. m.;
    graine de lupin n. f.
white lupine;
Egyptian lupine
Lupinus albus;
Lupinus termis

Note. — Les lupins ne sont comestibles qu'après trempage, traitement qui les débarrasse de leurs constituants toxiques et leur donne un goût douceâtre. Ils sont essentiellement utilisés en cuisine italienne sous l'appellation *lupini*.

M

134. **mâche commune** n. f.
lamb's lettuce;
corn salad
Valerianella olitoria;
Valerianella locusta;
Valerianella locusta var. *olitoria*

(Figure 14.)

Note. — La mâche commune est généralement vendue sous le nom de *mâche*; elle est aussi connue sous le nom de *doucette*.

135. **mâche d'Italie** n. f.
Italian corn salad
Valerianella eriocarpa

136. **maïs** n. m.
corn;
maize (GB)
Zea mays

Note. — Le maïs est en Amérique du Nord une céréale utilisée, en alimentation, comme un légume. C'est pourquoi il se trouve dans la liste des légumes. Les variétés de maïs, que l'on consomme ici en très grande quantité, sont généralement des variétés sucrées. Le dialecte du Haut-Maine, région de France d'où sont venus des colons en Nouvelle-France, nous a donné l'appellation *blé d'Inde*, à une époque où les découvreurs croyaient avoir trouvé la route des Indes. Cette appellation s'est forcément ancrée au Canada où les premiers habitants (appelés d'ailleurs à cette époque Indiens) consommaient beaucoup de maïs. Cette expression est considérée aujourd'hui comme un archaïsme en France, mais elle constitue ici un québécisme largement utilisé.

137. **maïs à éclater** n. m.
popcorn
Zea mays;
Zea mays var. *everta;*
Zea mays subsp. *praecox*

Note. — Cette variété de maïs est utilisée pour fabriquer le maïs éclaté (en anglais *popcorn*) dont on fait une énorme consommation en Amérique du Nord, tant salé et beurré que caramélisé.

138. maïs sucré n. m.
sweet corn
Zea mays;
Zea mays var. *rugosa;*
Zea mays var. *saccharata*

139. morille n. f.
morel
Morchella spp.

140. moutarde n. f.
mustard
Brassica spp.;
Sinapis spp.

Note. — Les feuilles de la moutarde sont comestibles lorsqu'elles sont cueillies très jeunes. Elles se consomment crues en salade, ou cuites.

N

141. nappa n. m.
nappa
Brassica pekinensis;
Brassica campestris var. *pekinensis*

(Figure 15.)

Note. — Le nappa est un chou de Chine pommé de forme allongée, aux feuilles tendres, vert pâle et nervurées.

142. navet n. m.
            Terme à éviter : rabiole
turnip
Brassica rapa;
Brassica campestris var. *rapa*

Notes. — 1. On emploie souvent à tort le terme *navet* pour désigner le rutabaga.
2. Le terme *rabiole,* que l'on trouve encore dans certains supermarchés du Québec, est un archaïsme aujourd'hui sorti du bon usage.
3. Le navet se distingue du chou-navet blanc et du rutabaga, qui sont deux choux-navets, par ses feuilles, velues, qui se rattachent directement au sommet de la racine et non autour d'un collet comme c'est le cas pour les feuilles d'apparence glabre des deux choux-navets.

O

143. œnothère n. m.
evening primrose
Oenothera biennis

Notes. — 1. L'œnothère est aussi connu sous les appellations d'*onagraire* et d'*onagre.*
2. Ce sont les racines de la plante qui, une fois bouillies, se consomment comme légumes, et les jeunes pousses qui se mangent en salade.

144. oignon n. m.
onion
Allium cepa

145. oignon à mariner n. m.;
            oignon perlé n. m.
pickling onion
pearl onion
Allium cepa

(Figure 16.)

146. oignon blanc n. m.
white onion
Allium cepa

147. oignon d'Égypte n. m.;
            oignon rocambole n. m.
top onion
Allium cepa var. *viviparum*

148. oignon d'Espagne n. m.
Spanish onion
Allium cepa

149. oignon jaune n. m.
yellow onion
Allium cepa

150. oignon perlé
            Syn. de **oignon à mariner**

151. oignon rocambole
            Syn. de **oignon d'Égypte**

152. oignon rouge n. m.
red onion
Allium cepa

153. oignon vert n. m.
Terme à éviter : échalote
green onion;
scallion
Allium cepa

Note. — Il ne faut pas confondre l'oignon vert et l'échalote.

V. a. **échalote**

154. okra
Syn. de **gombo**

155. olive n. f.
olive
Olea europaea

156. olive noire n. f.
black olive
Olea europaea

157. olive verte n. f.
green olive
Olea europaea

158. oseille n. f.
sorrel;
garden sorrel
Rumex acetosa

(Figure 17.)

Note. — On rencontre également les termes *oseille commune* et *grande oseille* qui désignent cette plante dont on consomme les feuilles comme celles des épinards.

P

159. pak-choï n. m.
pak-choi;
bok choy
Brassica chinensis;
Brassica campestris var. *chinensis*

(Figure 18.)

Note. — Le pak-choï est communément appelé *bok-choy* dans le commerce. Ce chou de Chine, moins connu que le nappa, ressemble un peu à la bette à carde et se prépare de la même façon. Les feuilles et les tiges du pak-choï se mangent cuites.

160. panais n. m.
parsnip
Pastinaca sativa

161. patate n. f.
sweet potato
Ipomoea batatas

(Figures 13 et 19.)

Note. — La patate est un tubercule originaire de l'Inde. Elle a été acclimatée dans tous les pays chauds; par conséquent, pour des raisons de climat, on ne la cultive pas au Canada. La patate contient plus d'eau que la pomme de terre et sa saveur est nettement plus sucrée. On prépare donc, avec la patate, des entremets, marmelades, poudings et autres desserts. Ce qui n'empêche pas d'apprêter également la patate comme la pomme de terre, c'est-à-dire de la servir en légume salé. Dans les pays où la patate est cultivée, on consomme aussi les jeunes feuilles de la même façon que des épinards. La patate et la pomme de terre sont donc des plantes appartenant à des familles totalement différentes. En appelant chacune d'elles par son nom véritable, on évitera de calquer l'anglais en disant inutilement *patate sucrée* ou *patate douce*. En effet, *pomme de terre* et *patate* étant deux noms différents, il n'y a pas de confusion possible en français alors qu'en anglais, le nom étant le même pour les deux plantes, le qualificatif est nécessaire pour les distinguer.

V. a. **pomme de terre**

162. pâtisson n. m.
pattypan
V. o. *patty pan;*
pattypan squash;
cymling;
cymbling
Cucurbita pepo var. *melopepo* f. *clypeiformis*

(Figure 9.)

V. a. **courge**

163.   pé-tsaï n. m.
pe-tsai
Brassica pekinensis;
Brassica campestris var. *pekinensis*

Note. — Le pé-tsaï est un chou de Chine dont la forme rappelle le pied de céleri. Ses feuilles allongées, vert pâle, serrées les unes sur les autres, se mangent surtout cuites, mais elles peuvent aussi être consommées en salade comme laitue.

164.   petit haricot blanc n. m.
navy bean;
white pea bean
Phaseolus vulgaris

V. a. **haricot sec**

165.   petit haricot rouge n. m.
small red bean
Phaseolus vulgaris

166.   petit pois n. m.
      Terme à éviter : pois vert
green pea
Pisum sativum

Note. — Les pois à écosser vendus au marché et les pois fraîchement écossés, mis en conserve ou surgelés, sont appelés à tort en français *pois verts,* en dépit de leur couleur et de l'influence du nom anglais. Le véritable nom français des pois à l'état frais (et, par extension, surgelés ou mis en boîte, peu importe leur taille) est *petits pois.*

167.   piment doux
      Syn. de **poivron**

168.   pissenlit n. m.
dandelion
Taraxacum officinale

(Figure 20.)

Notes. — 1. Le pissenlit est aussi connu sous l'appellation *dent-de-lion* en raison de la découpure de ses feuilles.
2. Les jeunes feuilles du pissenlit sont très tendres. Les amateurs parcourent la campagne, au printemps, pour récolter les pissenlits nouveaux et en faire une salade délicieuse.

169.   poireau n. m.
leek
Allium porrum

170.   pois n. m.
pea
Pisum sativum

171.   pois cajan n. m.
cajan pea;
pigeon pea
Cajanus cajan;
Cajanus indicus

Note. — On rencontre également, pour désigner le pois cajan, les termes *pois du Congo, pois d'Angola* et *ambrevade.*

172.   pois carré n. m.
asparagus pea;
winged bean;
Goa bean
Psophocarpus tetragonolobus

173.   pois chiche n. m.
chick pea
Cicer arietinum

Note. — Ce légume sec est extrêmement consommé dans les pays qui entourent la Méditerranée. Aussi le retrouve-t-on dans les plats régionaux tels que l'estouffade du midi de la France, le cocido d'Espagne et le couscous d'Afrique du Nord. Les Italiens se servent également de cette légumineuse méridionale et c'est de leur langue *(ceci)* qu'a été tiré le nom français. Il n'est donc pas étonnant que des compagnies américaines et canadiennes d'origine italienne vendent au Canada ce légume en conserve, prêt à être consommé.

174.   pois mange-tout n. m.
snow pea
Pisum sativum var. *macrocarpon;*
Pisum sativum var. *saccharatum*

Note. — Le pois mange-tout, également connu sous le nom de *pois gourmand,* a de petits grains et il est comestible en entier. Il en existe un autre type, dont les grains sont plus gros et dont la gousse est aussi comestible, qui s'appelle *pois Sugar snap.*

1. artichaut (5)

2. avocat (8)

3. bette à carde (12)

4. cardon (20)

5. céleri-rave (23)   **6. chou cavalier (35)**

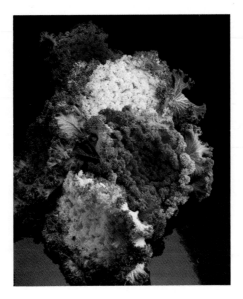

7. chou laitue (43)

8. chou-rave (52)

9. courgette (75), pâtisson (162)

10. cresson de fontaine (79)

11. crosse de fougère (85)

12. échalote (90)

13. patate (161)

14. mâche commune (134)

15. nappa (141)

16. oignon à mariner (145)

 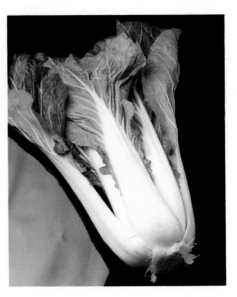

17. oseille (158)　　　　**18. pak-choï (159)**

19. patate (161)

20. pissenlit (168)

21. pomme de terre (177)

22. pourpier (179)

23. radicchio (181)

24. salsifis (186)

25. tomate oblongue (195)

175. pois sec n. m.
dried pea
Pisum sativum

Note. — Parmi les pois secs que l'on trouve sur le marché nord-américain, il y a les pois jaunes et les pois verts qui se vendent entiers ou fendus. Les pois jaunes sont surtout utilisés pour la préparation de la très populaire soupe aux pois.

176. poivron n. m.;
     piment doux n. m.
bell pepper;
sweet pepper
Capsicum annuum

Note. — Le consommateur nord-américain connaît surtout les poivrons de couleur verte ou rouge, mais également ceux de couleur jaune, orangée ou violette. Il en existe cependant d'autres couleurs.

177. pomme de terre n. f.
     Terme à éviter : patate
potato
Solanum tuberosum
(Figure 21.)

Note. — Au Canada français, comme en Belgique et dans plusieurs régions en France, on continue d'appeler couramment les pommes de terre *patates.* Cela s'explique par le fait que la patate fut introduite en France avant la pomme de terre et que les Français continuèrent pendant de longues années à appeler la pomme de terre *patate.* Lorsque Parmentier eut popularisé ce nouveau légume en France sous l'appellation de *pomme de terre,* la Nouvelle-France avait été conquise par les Anglais et ceux-ci, comme les Espagnols, avaient conservé dans leur langue le nom de *patate* pour la pomme de terre. Deux siècles se sont écoulés au cours desquels la pomme de terre est devenue le légume quotidien des Occidentaux, y compris des Québécois, alors que la patate est restée un légume exotique (donc importé) que l'on ne trouve qu'à certaines saisons sur le marché. S'il est admissible qu'on utilise le mot *patate* dans la langue parlée, malgré son impropriété, il faut éviter cette confusion dans la langue écrite, qu'il s'agisse d'étiquettes, d'emballages, de menus, d'affiches, etc. Il faut donc écrire : pommes de terre nature, pommes de terre en purée (ou purée de pommes de terre), pommes de terre frites, croquettes de pommes de terre, etc., et ne pas appeler *patates chips* les croustilles.

V. a. **patate**

178. potiron n. m.
winter squash;
autumn squash
Cucurbita maxima

V. a. **citrouille**

179. pourpier n. m.
purslane;
pursley
Portulaca oleracea
(Figure 22.)

Note. — Considéré comme une mauvaise herbe qui envahit nos jardins, le pourpier est aussi une plante dont les feuilles s'apprêtent en salade.

180. pousse de bambou n. f.
bamboo shoot
Bambusa spp.

R

181. radicchio n. m.
radicchio;
red chicory;
red-leaved chicory
Cichorium intybus var. **foliosum**
(Figure 23.)

Notes. — 1. Le terme *radicchio,* d'origine italienne, se prononce ra-di-kio.
2. Le radicchio est également connu sous le nom de *chicorée rouge.*

182. radis n. m.
radish
Raphanus sativus

183. radis noir n. m.
black radish
Raphanus sativus var. *niger*

184. rocambole n. f.;
ail rocambole n. m.
giant garlic;
elephant garlic;
Spanish garlic
Allium scorodoprasum

185. rutabaga n. m.
Termes à éviter : chou de Siam;
navet
rutabaga 2;
Swedish turnip 3;
swede 3;
yellow turnip
Brassica napus var. *napobrassica;*
Brassica napobrassica

Notes. — 1. Le terme *chou de Siam* est un archaïsme.
2. Le rutabaga est une variété de chou-navet à chair jaune et, comme le chou-navet blanc, se distingue du navet par un collet situé au sommet de la racine et autour duquel se rattachent des feuilles d'apparence lisse, alors que le navet ne présente pas de collet et que ses feuilles, velues, se rattachent directement au sommet de la racine.

V. a. **chou-navet; navet**

S

186. salsifis n. m.
salsify;
oyster plant
Tragopogon porrifolius

(Figure 24.)

Note. — On distingue deux sortes principales de salsifis : le véritable salsifis que l'on appelle souvent *salsifis blanc* et la scorsonère, également appelée *salsifis noir*.

187. sarrasin n. m.
buckwheat
Fagopyrum esculentum;
Fagopyrum sagittatum

Note. — On consomme les verdures de sarrasin lorsqu'elles sont très jeunes.

188. scarole n. f.;
chicorée scarole n. f.
Terme à éviter : escarole
escarole;
broad-leaf endive
Cichorium endivia var. *latifolia*

Notes. — 1. La scarole, qui fait partie de la famille des chicorées, porte également le nom de *chicorée scarole*. Cependant, c'est le nom de *scarole* qui prévaut très nettement, tant dans les ouvrages botaniques que gastronomiques.
2. L'orthographe *escarole* est à éviter en français. Au Québec, on a tendance à utiliser cette orthographe sous l'influence de l'américain qui se sert de ce mot, en étiquetage, comme nom commercial.

189. scorsonère n. f.
scorzonera;
black salsify
Scorzonera hispanica

Note. — La scorsonère est une sorte de salsifis également appelée *salsifis noir*.

V. a. **salsifis**

190. soja
Syn. de **soya**

191. soya n. m.;
soja n. m.
soybean (US);
soya bean;
soja bean
Glycine max

T

192. tétragone n. f.
New Zealand spinach
Tetragonia tetragonioides;
Tetragonia expansa

Notes. — 1. La tétragone est aussi connue sous l'appellation *épinard de la Nouvelle-Zélande*.

2. Les feuilles de la tétragone, charnues et triangulaires, ont une saveur qui rappelle celle des feuilles d'épinard; elles s'apprêtent de la même manière.

193.   tomate n. f.
tomato
Lycopersicon lycopersicum;
Lycopersicon esculentum

194.   tomate cerise n. f.
cherry tomato
Lycopersicon lycopersicum var. *cerasiforme;*
Lycopersicon esculentum var. *cerasiforme*

195.   tomate oblongue n. f.
plum tomato;
oblong tomato
Lycopersicon lycopersicum var. *cerasiforme;*
Lycopersicon esculentum var. *cerasiforme*
(Figure 25.)

Note. — Au Canada, la tomate oblongue est vendue sous l'appellation *tomate italienne.* Elle est aussi connue sous le nom de *tomate prune.*

196.   tomatille n. f.
tomatillo;
Mexican husk tomato
Physalis ixocarpa

197.   topinambour n. m.
Jerusalem artichoke;
sunchoke
Helianthus tuberosus

198.   truffe n. f.
truffle
Tuber spp.

Bibliographie

1. Ouvrages et dictionnaires spécialisés

ADRIAN, Jean. *Dictionnaire anglais-français, français-anglais agro-alimentaire,* Paris, Technique et documentation Lavoisier, c1990, 346 p.

BELS-KONING, H. C., et W. M. van KUIJK. *Mushroom Terms : Polyglot on Research and Cultivation of Edible Fungi : English, German, Dutch, Danish, French, Italian, Spanish and Latin,* Wageningen (Pays-Bas), Centre for Agricultural Publishing and Documentation, 1980, XXII-312 p.

Better Homes and Gardens Vegetable Recipes, 1st ed., Des Moines (Iowa), Meredith Corporation, c1977, 96 p.

BIANCHINI, Francesco, et Francesco CORBETTA. *Atlas des plantes et fruits du marché,* Paris, F. Nathan, c1973, 303 p.

BIANCHINI, Francesco, et Francesco CORBETTA. *The Complete Book of Fruits and Vegetables,* New York, Crown, 1976, 303 p.

BOURKE, D. O'D. *French-English Horticultural Dictionary with English-French Index,* 2nd ed., Wallingford (Oxon), CAB International, c1989, VIII-240 p.

BROWN, Marlene. *International Produce Cookbook and Guide : Recipes Plus Buying and Storage Information,* Los Angeles, Price Stern Sloan, c1989, 160 p.

BUISHAND, Tjerk, Harm P. HOUWING et Kees JANSEN. *The Complete Book of Vegetables : an Illustrated Guide to over 400 Species and Varieties of Vegetables from all over the World,* New York, Gallery Book; W. H. Smith, 1986, 180 p.

The Buying Guide for Fresh Fruits, Vegetables, Herbs and Nuts, Hagerstown (Maryland), Blue Goose, 1980, 136 p.

COURTINE, Robert J., sous la dir. de. *Larousse gastronomique,* éd. ent. remaniée, Paris, Larousse, c1984, 1142 p.

Dictionnaire de l'académie des gastronomes, Paris, Prisma, 1962, 2 t., 467 p.; 423 p.

Dried Beans and Grains, by the editors of Time-Life Books, Alexandria (Virginie), Time-Life Books, c1982, 176 p. (The Good Cook. Techniques and Recipes)

EHLERT, Lois. *Eating the Alphabet : Fruits and Vegetables from A to Z,* San Diego (Californie), Harcourt Brace Jovanovich, c1989, [34] p.

EISEMAN, Fred, et Margaret EISEMAN. *Fruits of Bali,* Berkeley (Californie), Periplus, c1988, 60 p.

ELRIDGE, Judith. *Cabbage or Cauliflower? A Garden Guide for the Identification of Vegetable and Herb Seedlings,* Boston, D. R. Godine, 1984, X-145 p.

EVERETT, Thomas H. *The New York Botanical Garden Illustrated Encyclopedia of Horticulture,* 3rd printing 1984, New York, Garland Publishing, c1981-c1982, 10 vol., XX-3601 p.

FARR, David F., and others. *Fungi on Plants and Plant Products in the United States,* St. Paul (Minnesota), American Phytopathological Society, 1989, VIII-1252 p.

FLORIN, Ulrich, et Harald HAUPT. *Fruit and Vegetables : Three-Language Dictionary of Fruit and Vegetable Processing / Fruits et légumes : dictionnaire en trois langues du traitement des fruits et légumes,* avec la collaboration de Christine Müller, Hamburg, Behr, 1987, 455 p.

FRACHON, Geneviève. *Légumes,* Paris, Arthaud, c1990, 159 p. (Les Carnets d'Arthaud)

Fresh Produce, by the editors of Sunset Books and Sunset Magazine, Menlo Park (Californie), Lane Publishing, 1987, 128 p.

FRUITS BOTNER. *Worldwide Selection of Exotic Produce,* Saint-Lambert (Québec), Héritage, c1989-c1990, 7 fasc.

Fruits et légumes exotiques, adaptation française d'Anne-Marie Thuot, Paris, Gründ, c1985, 58 + [6] p.

GINNS, James Herbert. *Compendium of Plant Disease and Decay Fungi in Canada,* Ottawa, Research Branch, Agriculture Canada, 1986, X-416 p. (Publication 1813)

GRISVARD, Paul, et autres. *Le bon jardinier,* Encyclopédie horticole, 152ᵉ éd. ent. ref., Paris, Maison Rustique, c1964, 2 vol., 1667 p.

GROVES, J. Walton. *Champignons comestibles et vénéneux du Canada,* Ottawa, Approvisionnements et Services Canada, 1981, X-336 p.

GROVES, J. Walton. *Edible and Poisonous Mushrooms of Canada,* Ottawa, Queen's Printer, 1962, 299 p.

GUILLAUME, Monique, et Yvonne de BLAUNAC. *La passion des fruits exotiques et des légumes,* [Paris], Flammarion, c1989, 167 p.

GUILLOT, Jean, et Hervé CHAUMETON. *Les champignons : dictionnaire des champignons et des termes de mycologie,* Paris, F. Nathan, c1983, 160 p.

HAENSCH, Günther, et Gisela HABERKAMP de ANTÓN. *Dictionary of Agriculture in Six Languages, German, English, French, Spanish, Italian, Russian : Systematical and Alphabetical,* 5th completely rev. and enl. ed., Amsterdam, New York, Elsevier, 1986, XXIX-1264 p.

Hortus Third : a Concise Dictionary of Plants Cultivated in the United States and Canada, initially comp. by Liberty Hyde Bailey and Ethel Zoe Bailey, rev. and expanded, New York, Macmillan, c1976, XIV-1290 p.

JOHNS, Leslie, et Violet STEVENSON. *The Complete Book of Fruit,* Londres, Angus and Robertson, 1979, 309 p.

LANDRY, Robert. *Les soleils de la cuisine,* Paris, Laffont, c1987, 362 p.

Larousse agricole, publié sous la dir. de Jean-Michel Clément, Paris, Larousse, 1981, 1207 + [1] p.

Les légumes : du jardin à la cuisine, Paris, La Seine, 1988, 208 p. (Succès du livre)

LOEWENFELD, Claire, et Philippa BACK. *The Complete Book of Herbs and Spices,* Londres, David and Charles, c1974, 315 p.

MARIE-VICTORIN, frère. *Flore laurentienne,* 2e éd. ent. rev. et mise à jour par Ernest Rouleau, Montréal, Presses de l'Université de Montréal, 1964, 925 p.

MARTIN, Bill. « John Moore is… Devoted to Making Salad Savoy Mainstream », *The Produce News,* Fort Lee (New York), 8 déc. 1990, p. 22.

MEUDEC, Gérard. *Les légumes du jardin,* Paris, Larousse, 1989, 160 p. (Les Pratiques du jardinage)

MICHAUX, Jean-Pierre. *Dictionnaire sélectif des arbres, des plantes et des fleurs (français-anglais, anglais-français) / A Selective Dictionary of Trees, Plants and Flowers (French-English, English-French),* [Paris], Ophrys, c1979, 149 p.

MONETTE, Solange. *Dictionnaire encyclopédique des aliments,* Montréal, Québec/Amérique, c1989, 607 p. (Santé. Dictionnaires)

MOORE, Jim. « Broccoflower Hits Grocery Shelves », *American Vegetable Grower,* Willoughby (Ohio), déc. 1989, p. 14-16.

NATIONAL GARDENING ASSOCIATION. *Book of Eggplant, Okra and Peppers,* rev. ed., New York, Villard Books, 1987, 87 p.

NICHOLSON, George. *Dictionnaire pratique d'horticulture et de jardinage,* trad., mis à jour et adapté par S. Mottet et autres, Marseille, Laffitte, 1981, 5 vol.

The Packer : 1990 Produce Availability and Merchandising Guide, Overland Park (Kansas), Vance, 1990, 478 p.

POMERLEAU, René. *Flore des champignons au Québec et régions limitrophes,* Montréal, Éditions La Presse, c1980, XV-652 p.

PROVIGO. CENTRE DE FORMATION ET DE PERFECTIONNEMENT. *Rayons de fraîcheur,* avec la collab. de l'Institut de technologie agricole de Saint-Hyacinthe et Yoder Atkin ltée, [Montréal], Provigo, 1978, pag. mult.

Recueil de listes de fruits et de légumes vendus au Canada : listes d'Agriculture Canada, de distributeurs et de détaillants québécois, préparé par l'Office de la langue française, [Québec], Office de la langue française, [1990].

RICHARDSON, Julia. *Fruits et légumes exotiques du monde entier,* Saint-Lambert (Québec), Héritage, c1990, 256 + [2] p.

SPLITTSTOESSER, Walter E. *Vegetable Growing Handbook,* Wesport (Connecticut), AVI, c1979, 298 p.

Sunset Salad Book, Menlo Park (Californie), Lane, c1966, 96 p. (Sunset Cook Book)

THÉMIS, Jean-Louis. *Guide des fruits et légumes exotiques et méconnus,* Montréal, Exobec, c1987, 146 p.

THIBAULT, Maurice. *250 champignons du Québec et de l'est du Canada,* Saint-Laurent (Québec), Trécarré, c1989, XL-267 + [5] p.

UPHOF, Johannes Cornelius Theodorus. *Dictionary of Economic Plants,* 2nd ed. rev. and enl., Lehre, Cramer, 1968, 591 p.

Vegetables, by the editors of Time-Life Books, Alexandria (Virginie), Time-Life Books, 1982, 176 p. (The Good Cook. Techniques and Recipes)

VÉRON, Gérard. *Des légumes toute l'année,* Paris, Claude Nathan, c1990, 95 p.

VILMORIN, Andrieux. *The Vegetable Garden : Illustrations, Descriptions, and Culture of the Garden Vegetable of Cold and Temperate Climates,* English ed., Berkeley (Californie), Ten Speed, s. d., 620 p.

2. Normes

ASSOCIATION FRANÇAISE DE NORMALISATION. *Produits de l'agriculture : épices et aromates (nomenclature botanique),* Paris, AFNOR, 1975, 8 p. (NF V 00-001)

ORGANISATION DE COOPÉRATION ET DE DÉVELOPPEMENT ÉCONOMIQUES. *Tomates / Tomatoes,* 2e rév., Paris, OCDE, 1988, 66 p. (Normalisation internationale des fruits et légumes)

ORGANISATION EUROPÉENNE DE COOPÉRATION ÉCONOMIQUE. AGENCE EUROPÉENNE DE PRODUCTIVITÉ. *Répertoire des termes en usage dans le marché des fruits et légumes,* Paris, OECE, 1961, 47 p. (Série 1959; n° 1)

ORGANISATION INTERNATIONALE DE NORMALISATION. *Céréales, légumes secs et autres graines alimentaires : nomenclature,* Paris, Association française de normalisation, 1987, 17 p. (ISO 5526-1986. AFNOR V 00-2/51)

ORGANISATION INTERNATIONALE DE NORMALISATION. COMITÉ TECHNIQUE ISO/TC 34. *Spices and Condiments : Nomenclature (First List)/Épices : nomenclature (première liste),* Genève, ISO, 1982, III-15 p. (ISO 676-1982 [E/F/R])

ORGANISATION INTERNATIONALE DE NORMALISATION. COMITÉ TECHNIQUE ISO/TC 34. *Vegetables : Nomenclature (First List) / Légumes : nomenclature (première liste),* Genève, ISO, 1982, 9 p. (ISO 1991/1-1982 [E/F/R])

ORGANISATION INTERNATIONALE DE NORMALISATION. COMITÉ TECHNIQUE ISO/TC 34. *Vegetables : Nomenclature (Second List) / Légumes : nomenclature (deuxième liste),* Genève, ISO, 1985, 5 p. (ISO 1991/2-1985 [E/F/R])

Index des termes français et étrangers cités en note*

A

ambrevade, 171
asperge blanche, 6
asperge verte, 6
avocat Pinkerton, 8

B

bacon, 8
bette, 13
bette à carde, 13
bette à côtes, 12
bette poirée, 12
blé d'Inde, 136
blète, 12
blette, 12
bok-choy, 159
bolet comestible, 15
brionne, 28
brocoli, 18, 43

C

carde, 12
carde poirée, 12
ceci, 173
chanterelle commune, 26
chicon, 91
chicorée, 29
chicorée de Bruxelles, 91
chicorée rouge, 181

chicorée scarole, 188
chou, 37, 51
chou de Savoie, 43
chou de Siam, 185
chou-fleur, 33, 43
chou-navet blanc, 45
chou-rave, 43, 46
chouchou, 28
chouchoute, 28
christophine, 28
cornichon épineux, 62
courge à moelle, 63, 75
courge cou tors, 63, 68
courge d'été, 63
courge d'hiver, 63
courge gland, 72
courge Hubbard, 63
courge musquée, 63
courge poivrée, 63
courge torticolis, 69
courgette, 63
crambe, 44
crambé, 44
crambé maritime, 44
cresson de jardin, 78, 81
cresson de terre, 78
crosse, 85
croustilles, 177

D

dent-de-lion, 168
doucette, 134

---

* Cet index comprend également les termes à éviter écrits en italique.

E

échalote, 153
échalote, 153
échalote cuivrée, 90
échalote française, 90
échalote rose, 90
échalote sèche, 90
endive, 9
épinard de la Nouvelle-Zélande, 192
escarole, 188

F

fagiolo romano, 118
fève, 86, 105, 115
fève, 101
fève des marais, 93
fèves au lard, 105
fèves germées, 115
fuerte, 8

G

germes de haricot mungo, 115
giraumon turban, 63
gourgane, 93
grande oseille, 158

H

haricot, 105, 115, 121
haricot beurre, 112
haricot blanc, 106, 111, 121
haricot blanc fin, 104, 121
haricot coco, 107
haricot mi-moyen, 121
haricot moyen, 102, 121
haricot noir, 116
haricot rouge, 121
haricot rouge clair, 120
haricot rouge foncé, 120
haricot sec, 116, 117, 118, 120
haricots au lard, 105
hass, 8

L

laitue Bibb, 126
laitue Boston, 126
laitue iceberg, 130
laitue Savoie, 43
lupini, 133

M

mâche, 134
maïs éclaté, 137
mirliton, 28

N

nappa, 38, 159
navet, 185
navet blanc, 46

O

oignon vert, 90
onagraire, 143
onagre, 143
oseille commune, 158

P

pak-choï, 38
patate, 177
patate douce, 161
patate sucrée, 161
patates chips, 177
pâtisson, 63
pé-tsaï, 38
petit haricot, 121
petit haricot blanc, 106, 121
petit haricot rouge, 121
pinkerton, 8
poirée, 12
pois à écosser, 166
pois d'Angola, 171

pois du Congo, 171
pois gourmand, 174
pois jaune, 175
pois Sugar snap, 174
pois vert, 175
pois vert, 166
pomme de terre, 161
potiron, 57

R

rabiole, 46, 142
reed, 8
rutabaga, 45, 142

S

salade Savoie, 43
salsifis blanc, 186
salsifis noir, 186, 189
spaghetti végétal, 73

T

tête de violon, 85
tomate italienne, 195
tomate prune, 195

W

witloof, 91

Z

zucchini, 75
zutano, 8

Index des termes anglais*

A

acorn, 72
acorn squash, 72
alligator pear, 8
artichoke, 5
asparagus, 6
asparagus bean, 88
asparagus lettuce, 125
asparagus pea, 172
aubergine, 7
autumn squash, 178
avocado, 8

B

bamboo shoot, 180
basella, 10
bean 1, 86
bean 2, 93
bean 3, 101
beet, 13
beetroot, 13
Belgian endive, 91
bell pepper, 176
black-eyed pea, 87
black gram, (115), 116
black olive, 156
black radish, 183
black salsify, 189
Black turtle bean, 104
bok choy, 159
boletus, 15

bonavist bean, 89
borage, 17
borecole, 54
Boston lettuce, 127
Brazil-cress, 80
broad bean, 99
broadbean, 99
broad-leaf endive, 188
broccoflower, 18
broccoli, 19
Brussels sprouts, 37
buckwheat, 187
burpless cucumber, (60)
butter bean, 112
buttercup squash, 67
butterhead lettuce, 126
butternut squash, 71

C

cabbage, 48
cabbage lettuce, 130
cajan pea, 171
capuchin's beard, 9
cardoon, 20
carrot, 21
cauliflower, 41
celeriac, 23
celery, 22
celery root, 23
celtuce, 125
cep, 15
cepe, 15

---

* Index comprenant toutes les entrées anglaises de même que les termes cités en note. Dans ce dernier cas, les renvois aux numéros des articles où ils apparaissent sont entre parenthèses.

Ceylon spinach, 10
chanterelle, 26
chard, 12
chayote, 28
cherry tomato, 194
chick pea, 173
chicory, 29
Chinese artichoke, 84
Chinese cabbage, 38
Chinese long bean, 88
chive, 56
chorogi, (84)
christophine, 28
cive, 56
collards, 35
common bean, (121)
corn, 136
corn salad, 134
cos lettuce, 131
cow pea, 87
cowpea, 87
cranberry bean, 107
crookneck squash, 69
crosne, (84)
crosnes, (84)
cucumber, 59
curled kale, 54
curled lettuce, 128
curly endive, 29
curly kale, 54
cymbling, 162
cymling, 162

D

dandelion, 168
dark red kidney bean, (120)
dried bean, 121
dried pea, 175

E

edible boletus, (15)
edible thistle, 20
eggplant, 7
Egyptian lupine, 133
elephant garlic, 184
English cucumber, 60
escarole, 188

European cucumber, 60
evening primrose, 143

F

fava bean, 99
fiddlehead, 85
flageolet, 95
flageolet bean, 95

G

garden cress, 78
garden sorrel, 158
garlic, 1
gherkin, 62
giant garlic, 184
globe artichoke, 5
Goa bean, 172
golden gram, 115
Good-Henry, 3
Good-King-Henry, 3
Great Northern bean, 111
green bean, 122
green cabbage, 51
green gram, 115
green olive, 157
green onion, 153
green pea, 166
greenhouse cucumber, 60
gumbo, 98

H

head cabbage, 48
head lettuce, 130
headed cabbage, 48
heart of palm, 58
horse bean, 99
hothouse cucumber, (60)
Hubbard squash, 70
hyacinth bean, 89

I

iceberg lettuce, 129
Italian corn salad, 135
Italian squash, 75

J

Japanese artichoke, 84
Jerusalem artichoke, 197

K

kale, 54
kidney bean, 121
knob celery, 23
knotroot, 84
kohlrabi, 52

L

lablab bean, 89
lady's finger, 98
lamb's lettuce, 134
leaf lettuce, 128
leek, 169
lentil, 132
lettuce, 124
light red kidney bean, (120)
Lima bean, 108

M

maize, 136
marrow, 66
marrow bean, (102), 114, (121)
medium bean, (121)
Mexican husk tomato, 196
morel, 139
mountain spinach, 4
mung bean, 115
mushroom, 25
mustard, 140

N

nappa, 141
navy bean, (121), 164
New Zealand spinach, 192

O

oblong tomato, 195
okra, 98
olive, 155
onion, 144
orach, 4
orache, 4
oyster plant, 186

P

pak-choi, 159
palm cabbage, 58
Pará cress, 80
parsnip, 160
patty pan, 162
pattypan, 162
pattypan squash, 162
pe-tsai, 163
pea, 170
pea bean, (121)
pearl onion, 145
peppergrass, 78
pickling cucumber, 62
pickling onion, 145
pigeon pea, 171
pink bean, 119
pinto bean, 117
plum tomato, 195
popcorn, 137
porcini mushroom, 15
potato, 177
pumpkin, 57
purslane, 179
pursley, 179

R

radicchio, 181
radish, 182
red cabbage, 50
red chicory, 181
red kidney bean, 120, (121)
red-leaved chicory, 181
red onion, 152
romaine lettuce, 131
Roman bean, 118
rutabaga 1, 45
rutabaga 2, 185

S

salad savoy, 43
salsify, 186
savoy, (40)
savoy cabbage, 40
scallion, 153
scorzonera, 189
sea cole, 44
sea kale, 44
seakale beet, 12
seedless cucumber, 60
shallot, 90
Sieva bean, 108
silver beet, 12
small red bean, (121), 165
small white bean, (104), 106, (121)
snap bean, 113
snow pea, 174
soja bean, 191
sorrel, 158
southern pea, 87
soya bean, 191
soybean, 191
spaghetti squash, 73
Spanish garlic, 184
Spanish onion, 148
spinach, 92
spring onion, 55
squash, 63
stem lettuce, 125
straight-neck squash, 68
string bean, 103
stringless bean, 113
summer crookneck squash, 69

summer straightneck squash, 68
sunchoke, 197
swede 1, 45
swede 2, 46
swede 3, 185
Swedish turnip 1, 45
Swedish turnip 2, 46
Swedish turnip 3, 185
sweet corn, 138
sweet pepper, 176
sweet potato, 161
Swiss chard, 12

T

tomatillo, 196
tomato, 193
top onion, 147
truffle, 198
turban squash, 96
turnip, 142

U

upland cress, 81
urd, (115), 116
urd bean, (115), 116

V

vegetable marrow, 66
vine spinach, 10

W

watercress, 79
wax bean, 112
Welsh onion, 55
white cabbage, 49
white endive, 91
white kidney bean, 105, (106), (111), (121)
white lupine, 133
white onion, 146
white pea bean, (106), (121), 164
white rutabaga, 46

wild chicory, 30
wild spinach, 3
Windsor bean, 99
winged bean, 172
winter cauliflower, 33
winter cress, 81
winter squash, 178
witloof chicory, 91

Y

yam, 123
yard-long bean, 88
yellow eye bean, 102
yellow onion, 149
yellow turnip, 185

Z

zucchini, 75
zucchini squash, 75

Index des termes latins

A

Abelmoschus esculentus, 98
Allium ascalonicum, 90
Allium cepa, 144, 145, 146, 148, 149, 152, 153
Allium cepa var. *viviparum*, 147
Allium fistulosum, 55
Allium porrum, 169
Allium sativum, 1
Allium schoenoprasum, 56
Allium scorodoprasum, 184
Apium graveolens var. *dulce*, 22
Apium graveolens var. *rapaceum*, 23
Areca catechu, 58
Asparagus officinalis, 6
Atriplex hortensis, 4

B

Bambusa spp., 180
Barbarea vulgaris, 81
Basella cordifolia, 10
Basella rubra, 10
Beta vulgaris var. *cicla*, 12
Beta vulgaris var. *conditiva*, 13
Beta vulgaris var. *rapa*, 13
Boletus edulis, 15
Borago officinalis, 17
Brassica campestris, 38
Brassica campestris var. *chinensis*, 159
Brassica campestris var. *pekinensis*, 141, 163
Brassica campestris var. *rapa*, 142
Brassica caulorapa, 52
Brassica chinensis, 159
Brassica napobrassica, 45, 46, 185

Brassica napus var. *napobrassica*, 45, 46, 185
Brassica oleracea var. *acephala*, 43
Brassica oleracea var. *acephala* f. *sabellica*, 54
Brassica oleracea var. *botrytis*, 33, 41
Brassica oleracea var. *bullata*, 40
Brassica oleracea var. *capitata*, 48, 49, 50, 51
Brassica oleracea var. *capitata* f. *alba*, 49
Brassica oleracea var. *capitata* f. *rubra*, 50
Brassica oleracea var. *caulorapa*, 52
Brassica oleracea var. *fimbriata*, 54
Brassica oleracea var. *gemmifera*, 37
Brassica oleracea var. *gongylodes*, 52
Brassica oleracea var. *italica*, 19
Brassica oleracea var. *napobrassica*, 45, 46
Brassica oleracea var. *sabauda*, 40
Brassica oleracea var. *viridis*, 35
Brassica pekinensis, 141, 163
Brassica rapa, 142
Brassica spp., 140

C

Cajanus cajan, 171
Cajanus indicus, 171
Cantharellus cibarius, 26
Capsicum annuum, 176
Chayota edulis, 28
Chenopodium bonus-henricus, 3
Cicer arietinum, 173
Cichorium endivia var. *crispa*, 29
Cichorium endivia var. *latifolia*, 188
Cichorium intybus, 9, 30, 91
Cichorium intybus var. *foliosum*, 181
Crambe maritima, 44

Cucumis sativus, 59, 62
Cucumis sativus var. *anglicus,* 60
Cucurbita maxima, 70, 178
Cucurbita maxima var. *turbaniformis,* 67, 96
Cucurbita moschata, 71
Cucurbita pepo, 57, 66, 72, 73, 75
Cucurbita pepo var. *melopepo* f. *clypeiformis,*
    162
Cucurbita pepo var. *melopepo* f. *torticolis,* 68,
    69
Cucurbita spp., 63
Cynara cardunculus, 20
Cynara scolymus, 5

D

Daucus carota, 21
Daucus carota var. *sativa,* 21
Dioscorea, 123
Dolichos lablab, 89
Dolichos sesquipedalis, 88
Dolichos spp., 86

E

Euterpe oleracea, 58

F

Fagopyrum esculentum, 187
Fagopyrum sagittatum, 187

G

Glycine max, 191

H

Helianthus tuberosus, 197
Hibiscus esculentus, 98

Ipomoea batatas, 161

L

Lablab niger, 89
Lablab purpureus, 89
Lablab vulgaris, 89
Lactuca sativa, 124
Lactuca sativa var. *angustana,* 125
Lactuca sativa var. *asparagina,* 125
Lactuca sativa var. *capitata,* 126, 127, 129,
    130
Lactuca sativa var. *crispa,* 128
Lactuca sativa var. *longifolia,* 131
Lactuca var. *romana,* 131
Lens culinaris, 132
Lens esculenta, 132
Lepidium sativum, 78
Lupinus albus, 133
Lupinus termis, 133
Lycopersicon esculentum, 193
Lycopersicon esculentum var. *cerasiforme,*
    194, 195
Lycopersicon lycopersicum, 193
Lycopersicon lycopersicum var. *cerasiforme,*
    194, 195

M

Matteuccia struthiopteris, 85
Morchella spp., 139

N

Nasturtium officinale, 79

O

Oenothera biennis, 143
Olea europaea, 155, 156, 157

P

Pastinaca sativa, 160
Persea americana, 8
Phaseolus aureus, 115
Phaseolus limensis, 108
Phaseolus lunatus, 108
Phaseolus mungo, 116
Phaseolus spp., 101
Phaseolus vulgaris, 95, 102, 103, 104, 105,
     106, 107, 111, 112, 113, 114, 117, 118,
     119, 120, 121, 122, 164, 165
Physalis ixocarpa, 196
Pisum sativum, 166, 170, I75
Pisum sativum var. macrocarpon, 174
Pisum sativum var. saccharatum, 174
Portulaca oleracea, 179
Psophocarpus tetragonolobus, 172
Pteretis pensylvanica, 85

R

Raphanus sativus, 182
Raphanus sativus var. niger, 183
Rumex acetosa, 158

S

Sabal palmetto, 58
Scorzonera hispanica, 189
Sechium edule, 28
Sinapis spp., 140
Solanum melongena var. esculentum, 7
Solanum tuberosum, 177
Spilanthes acmella, 80
Spilanthes oleracea, 80
Spinacia oleracea, 92
Stachys affinis, 84
Stachys sieboldii, 84
Stachys tuberifera, 84

T

Taraxacum officinale, 168
Tetragonia expansa, 192
Tetragonia tetragonioides, 192

Tragopogon porrifolius, 186
Tuber spp., 198

V

Valerianella eriocarpa, 135
Valerianella locusta, 134
Valerianella locusta var. olitoria, 134
Valerianella olitoria, 134
Vicia faba, 99
Vicia spp., 93
Vigna mungo, 116
Vigna radiata, 115
Vigna sesquipedalis, 88
Vigna sinensis, 87
Vigna unguiculata, 87
Vigna unguiculata subsp. sesquipedalis, 88
Vigna unguiculata subsp. unguiculata, 87
Vigna unguiculata var. unguiculata, 87

Z

Zea mays, 136, 137, 138
Zea mays subsp. praecox, 137
Zea mays var. everta, 137
Zea mays var. rugosa, 138
Zea mays var. saccharata, 138

Table des matières

Remerciements   5

Préface   7

Introduction   9

Abréviations et remarques liminaires   11

Lexique   13

Illustrations   29

Bibliographie   41

Index des termes français et étrangers cités en note   47

Index des termes anglais   51

Index des termes latins   57

Achevé d'imprimer en mars 1998
sur les presses de l'imprimerie
AGMV Marquis imprimeur, inc.
à Cap-Saint-Ignace (Québec)

Office de
la langue française

**FICHE D'ÉVALUATION DES
PUBLICATIONS TERMINOLOGIQUES**
(Lexique avec illustrations)

Titre : ***Lexique des légumes***

Identification

Profession : traducteur/traductrice ☐

rédacteur/rédactrice ☐

réviseur/réviseure ☐

enseignant/enseignante ☐

terminologue ☐

spécialiste du domaine traité ☐

autres ☐

précisez _____

_____

Évaluation du contenu

En général, que pensez-vous du choix des termes?

Très bon ☐   Bon ☐   Mauvais ☐

Trouvez-vous les termes que vous cherchez?

Jamais ☐   Rarement ☐   Souvent ☐   Très souvent ☐

Souhaitez-vous que l'Office publie d'autres ouvrages dans le même domaine ou dans des domaines connexes?

Si oui, lesquels : _____

_____

_____

_____

À votre avis, existe-t-il d'autres ouvrages plus complets sur le sujet?

Oui ☐   Non ☐

Évaluation de la présentation

Le format (15 cm × 21 cm) vous convient-il?

Bien ☐   Assez bien ☐   Peu ☐   Pas du tout ☐

Les pages de présentation sont-elles utiles pour la consultation?

Très ☐   Assez ☐   Peu ☐   Pas du tout ☐

Les illustrations sont-elles pertinentes?

Très ☐   Assez ☐   Peu ☐   Pas du tout ☐

Les illustrations sont-elles en nombre suffisant?

Oui ☐   Non ☐

Les informations sont-elles présentées clairement?

Très ☐   Assez ☐   Peu ☐   Pas du tout ☐

Mode d'acquisition

Comment avez-vous appris l'existence de cet ouvrage?

_____

_____

Où vous l'êtes-vous procuré?

_____

_____

L'avez-vous trouvé facilement?

Oui ☐   Non ☐

Retourner à : Office de la langue française
Direction des services linguistiques
Bureau du directeur
200, chemin Sainte-Foy, 4e étage
Québec (Québec)
G1R 5S4